Hubert Zeiler / Paul Herberstein

Gamswild

Ansprechfibel

Österreichischer Jagd- und Fischerei-Verlag

2. Auflage

Titelbild: Hubert Zeiler
Fotos: Veronika Grünschachner-Berger (Seiten 50, 51 oben, 56 o., 57 o., 61 o., 64 o., 66 o., 70 unten); Christian Zeiler (Seiten 61 u., 63 o., 72 u., 79 u.). Alle anderen Fotos: Hubert Zeiler.
Zeichnungen: Hubert Zeiler

Verlagsassistenz und Sekretariat: Angela Pleyel

Lektorat & Layout: & Leitung Produktion: Michael Sternath

*Ole Vicksburgscumintoanend, mefrand.
Wauntmiss? Dunno. Budfawshawlmissa
Missippi & you. Budshawwauntmissem
citielites&citiesites...*

Repro: Blaupapier, Wien

Gesamtherstellung: Christian Theiss, Sankt Stefan im Lavanttal

ISBN 978-3-85208-114-4

Vorwort

Wie kommt es, dass der Gams unter Jägern seit jeher einen besonders hohen Stellenwert genießt? Dass der wippende Gamsbart am Hut und die schlichten schwarzen Krucken an der Hüttenwand oft stolzer prangen als das ausladende Hirschgeweih oder die reich geperlte Rehkrone?

Die Antwort ist einfach: Auf Gams zu jagen, bedeutet mehr, als nur Beute zu machen. Es bedeutet für den Jäger, auf allen Ebenen gefordert zu sein: Der Gamsjäger muss körperlich fit sein, um dem Gams hoch oben in den atemberaubenden und mitunter brutalen Bergen folgen zu können. Der Gamsjäger muss opferbereit sein, will er bei Kälte und Wind die Fährte nicht verlieren. Und der Gamsjäger muss zuletzt auch Erfahrung, Intuition und Wissen mitbringen, will er mit Wildbret und Krucke im Rucksack wieder ins Tal steigen. Kurz: Wer auf Gams jagt, muss dies immer mit ganzem Herzen und ganzer Kraft tun.

Das Herz und die Kraft muss jeder Jäger bei sich selbst finden. Und Erfahrung und Intuition kommen erst über die Jahre. Das Wissen aber, wie sich das Kitz vom Jährling, der Halbstarke vom reifen Bock und die junge von der alten Gais unterscheiden, ist in dieser Ansprechfibel zusammengefasst. Kurz und bündig, um dem Gams ohne Ballast und mit leichtem Fuß in die Berge folgen zu können …

Österreichischer Jagd- und Fischerei-Verlag

Inhalt

1. Grundsätzliches

Wer auf Gams jagt, muss vieles im Auge behalten: Wo hält sich das Wild am liebsten auf? Wie wirken sich Jahreszeiten oder Wetter auf das Verhalten aus? Und wann spricht man von jung, halbstark oder reif? – Das erste Kapitel gibt die Antworten.

Lebensraum

Berg ist nicht immer gleich Berg. Daher unterscheidet man – je nach bevorzugtem Lebensraum – zwischen Grat-, Wald- und Wechselgams. Aber gleichgültig, ob oben im Fels oder im schattigen Bergwald: Gams brauchen immer Rückzugsgebiete und Fluchträume, um sich vor Verfolgern in Sicherheit zu wissen. Schwer zugängliche Steillagen sind dafür genauso geeignet wie unübersichtliche Latschen- oder Erlenfelder. Der Felsanteil muss nicht zwingend hoch sein, denn eines steht fest: Je mehr Felsen oder Latschen, desto weniger Äsung gibt es.

Gratgams

Als Gratgams bezeichnet man jenes Wild, das ganzjährig – also auch im Winter – hoch oben am Berg oberhalb der Waldgrenze lebt. In einem solch extremen Lebensraum kann es in strengen Wintern zu erheblichen Ausfällen kommen.

Waldgams

Waldgams bleiben ganzjährig im Wald und wechseln nicht darüber hinaus. Sie nutzen zwar Wiesen, Kahlschläge oder Blößen, halten sich aber lieber in steilen, oft felsdurchsetzten Gebieten im Wald auf. Zum Waldgams zählt man übrigens auch jenes

Wild, das ganzjährig in Gräben und Schluchten unterhalb der Waldgrenze lebt.

Im Gegensatz zum Gratgams kommt es beim Waldgams zu weit weniger wetterbedingten Ausfällen. Dafür spielen Raubtiere – wie etwa gebietsweise der Luchs – und die Konkurrenz untereinander eine größere Rolle.

Wechselgams

Tiere, die zwischen Hochlagen und Wald pendeln, nennt man Wechselgams. Je nach Jahreszeit und Witterung stehen diese Gams unter- oder oberhalb der Waldgrenze. Während Spätsommer und Herbst hoch oben auf dem Berg verbracht werden, zieht es den Wechselgams im Winter in tiefere Lagen. Der Waldgrenzbereich ist daher für diese Tiere besonders wichtig.

Im Wald bleiben lediglich Familien oder kleinere Gruppen zusammen, oberhalb der Waldgrenze können sich solch kleinere Verbände auch zu großen Rudeln zusammenschließen.

Ein typischer Lebensraum für Wechselgams sind etwa die Kalkalpen, wo Einstand, Äsung und Fels oft nahtlos ineinander übergehen. Das Besondere an den Kalkalpen: Witterung und Klima fallen hier von Gebirgszug zu Gebirgszug sehr unterschiedlich aus. So kann der Winter in den Staulagen der Nördlichen Kalkalpen außerordentlich hart und mit hohen Schneemengen verbunden sein, während in den Südlichen Kalkalpen die kalte Jahreszeit weit weniger streng verläuft und dadurch auch die Nahrung – etwa im Gegensatz zu Zentral- oder Nordalpen – selten bedrohlich knapp wird. Die Folge: Gerade in solch klimatisch eher milden Gebieten wächst der Bestand oft erstaunlich rasch.

Auch Wechselgams sind in Extremwintern nicht vor hohen Verlusten gefeit, und der meist unübersichtliche Lebensraum spielt zudem den Raubtieren in die Karten.

In einzelnen Gebieten kommen Grat-, Wald- und Wechselgams durchaus nebeneinander vor. Und unabhängig, wo sich Gams zu Hause fühlen, pendeln sie je nach Jahreszeit zwischen Sonn- und Schattseite und wechseln zwischen Hochlagen und tiefer liegenden Bergwäldern.

Grundsätzlich brauchen größere Rudel vor allem freie Flächen mit Übersicht, während einzelne Tiere oder kleinere Gruppen gut im Wald zurechtkommen.

Jahresablauf

Die Jagdzeit auf Gams ist auf wenige Monate beschränkt. Wer die Gams aber verstehen und kennenlernen will, der verliert sie auch im Spätwinter und im Frühjahr nicht aus den Augen.

Frühjahr

Gerade das Frühjahr bietet guten Anblick: Mitte Mai sind die ersten Kitze da. Gaisen, die erst im Dezember beschlagen worden sind, setzen rund drei Wochen später. Rund um die Setzzeit dürfen Jährlinge für etwa zwei Wochen nicht zur Mutter. Das heißt, sie sind in dieser Zeit erstmals auf sich allein gestellt, und vor allem Jährlingsböcke ziehen dann mit ihresgleichen arglos durch die Welt. Bei diesen Kindern wechselt sich Spielen, Ausruhen und Äsen oft spontan ab.

Während der Setzzeit sind nur bei kleineren Gais-Kitz-Gruppen vereinzelt noch Jährlinge dabei. In größeren Gruppen findet man fast ausnahmslos nur Gaisen und deren Kitze.

Führende Gaisen sind von Mai bis in den Juli hinein mehr auf den Läufen als Böcke. Sie müssen nach dem langen Winter nicht nur den Gewichtsverlust aufholen, sondern auch Kitze säugen und Kraft für den Haarwechsel sammeln.

In Gebieten mit mehreren älteren Böcken kommt es im Frühjahr auch zu Auseinandersetzungen um die besten Reviere. Wo das Markieren und das Imponiergehabe mit aufgestellten Rückenhaaren nicht mehr reichen, enden Begegnungen zwischen zwei Böcken nicht selten in wilden Hetzjagden – ähnlich wie in der Brunft.

Sommer

In den klassischen Sommermonaten Juli und August wird es ruhiger im Revier: Gamswild ist hitzeempfindlich und weicht daher dorthin aus, wo es Schatten oder kühlen Wind gibt. Meist stehen die Scharwildrudel mit Gaisen, Kitzen und Jungwild im Sommer weit oberhalb der Waldgrenze.

Böcke setzen bereits ab dem Spätsommer Feist an, Gaisen erst im Herbst.

Herbst

Gaisen und Kitze schließen sich ab September zu größeren Rudeln zusammen. Sie sind beim Äsen häufig in Karen, auf Grasmatten oder Schotterfluren zu sehen. Zum Winter hin geht es darum, Fettreserven für die kalte Jahreszeit aufzubauen.

Böcke bewegen sich im Frühherbst eher wenig. Sie sind schon zeitig damit beschäftigt, genügend Fettreserven für die Brunft anzulegen. Sie nutzen in dieser Zeit häufig kleinere Einstände, denen sie oft über viele Jahre die Treue halten. Reviererfahrene Jäger kennen diese Plätze und haben so die Möglichkeit, einen bestimmten Bock unter Umständen über Jahre zu bestätigen.

Brunft

Gegen Ende Oktober kommt Leben in die älteren Gamsböcke. Vor der Brunft stehen sie oft an markanten Aussichtspunkten.

Dabei haben sie anfangs weniger brunftige Gaisen im Sinn als vielmehr männliche Konkurrenten im Visier, die ebenfalls auf Freiersläufen unterwegs sind.

Die Hauptbrunft findet in den meisten Revieren im November statt. Sind ausreichend Böcke da, und ist das Geschlechterverhältnis nicht zu stark zugunsten der Gaisen verschoben, so werden die meisten Gaisen innerhalb von nur zwei Wochen beschlagen.

Vor allem während der Brunft lassen Gaisen ihren Nachwuchs oft ein bis zwei Tage allein. Diese Kitze ziehen dann entweder mit Spielgefährten umher oder schließen sich kurzfristig einer anderen Gais an. Es kann sogar vorkommen, dass sich Kitze während der Brunft einem jungen Bock anschließen: Ihre Mütter sind mitten im Brunftgeschehen, und ein solch junger Bock hat dabei ohnehin noch keinen Auftrag (siehe Foto Seite 63 oben)

Während der Brunft nehmen vor allem die Platzböcke kaum Nahrung zu sich und leben von ihren Fettreserven. Das Ergebnis: Böcke sind vor dem Liebesreigen deutlich – und sichtbar – schwerer als die Gaisen, wiegen am Ende der Brunft aber nur noch geringfügig mehr als die weiblichen Artgenossen.

Gamsböcke beschlagen die Gais mehrmals hintereinander. Erst in der Nachbrunft, wenn die Kräfte der reiferen Herren schwinden, kommen bisweilen auch jüngere Böcke zum Zug.

Winter

Ab Mitte Dezember kehrt langsam Ruhe im Gamsrevier ein. Das Wild wechselt vielerorts vom Sommer- in den Wintereinstand. Von Jänner bis März ist Energiesparen das oberste Gebot: Gams stehen erst sehr spät auf und lassen sich am Morgen von der Sonne aufwärmen. Wo noch Äsung zu finden ist, sieht man die Gams nicht selten den ganzen Tag über.

Tageszeiten

Bei Gams gibt es ähnlich wie bei Rehen zwei Tageszeiten, an denen sie häufig auf den Läufen sind: am Morgen und am Abend, wobei die Gams – im Gegensatz zu Reh- oder Rotwild – bereits am späteren Nachmittag aktiv werden. Abweichungen davon gibt es aber sowohl zwischen Bock und Gais als auch von der Jahreszeit her.

Im Gegensatz zur gängigen Meinung sind Gams sehr wohl auch in der Nacht unterwegs. So spielt sich etwa das Brunftgeschehen mitunter auch in der Dunkelheit ab.

Führende Gaisen sind gerade zwischen Mai und Juli den ganzen Tag über in Anblick zu bekommen: Nach dem Setzen sind sie mit dem Säugen und dem Führen des Nachwuchses beschäftigt und müssen zudem viel äsen, um genug Milch zu haben und wieder zu Kräften zu kommen. Nur im Hochsommer zeigen sie sich weniger, da sie hitzeempfindlich sind.

Was den Tagesrhythmus betrifft, sollte innerhalb des Rudels Gleichklang herrschen. Um diesen nicht zu stören, lassen führende Gaisen manchmal ihren Nachwuchs bei einer „Kindergartentante“ zurück, um abseits in Ruhe äsen zu können.

Dieser Gleichklang im Rudel dürfte ein wesentlicher Grund dafür sein, warum sich erwachsene Böcke nicht im Rudel aufhalten, sondern allein unterwegs sind. Ihr Tagesrhythmus ist ein anderer als der von Gais und Kitz. Territoriale Böcke sind bereits ab April deutlich aktiver, und den ganzen Sommer über wechseln bei ihnen 24 Stunden lang Ruhe- und Äsungsphasen ab. Von September an bis zur Brunft ist dann Feistzeit, in der Gamsböcke so viel Kraft wie möglich sammeln und lange ruhen. In der Brunft selbst sind die Böcke dafür fast ständig auf den Läufen: Sie suchen zu Beginn gute Wachplätze, werben später um die Gaisen oder hetzen zwischendurch männlichen

Rivalen hinterher – oder sind selbst die Gejagten. Während der gesamten Brunft ruhen erwachsene Böcke nur zwischendurch und äsen kaum.

Wetter

Gams sind mehr hitze- als kälteempfindlich. Im Sommer bekommt man sie daher eher im Schatten oder an Plätzen mit kühlem Wind in Anblick. Ansonsten sind Gams absolut wetterfest und verlassen selbst bei Regen und Gewitter oftmals nicht freie Flächen. Nur im strengen Winter oder bei richtigem Sauwetter suchen sie manchmal Schutz in Felshöhlen oder Halbhöhlen. Im Verhalten gibt es allerdings zwischen Grat-, Wald- oder Wechselgams zum Teil große Unterschiede.

Auf alle Fälle eignen sich Gams als Wetterpropheten: Sobald es schön wird, ziehen sie selbst im Winter bergwärts. Wird es schlechter, geht es weiter hinunter. Wer also Gams ganz weit oben am Berg stehen sieht, kann davon ausgehen, dass das gute Wetter hält. Besonders Scharwildrudel mit Gaisen und Jungwild ziehen im Sommerhalbjahr je nach Witterung weit umher und machen dabei auch viele Höhenmeter. Reife Böcke leben zu dieser Jahreszeit lieber auf eng begrenztem Raum.

Altersklassen

Wenn man bedenkt, dass Böcke bis zu 18 und Gaisen 20 Jahre und älter werden, wundern einen die Altersklassen in den gängigen Abschussrichtlinien, bei denen teilweise 7jährige Böcke oder 8jährige Gaisen zur Senioren-Klasse gezählt werden. Wildbiologisch halten diese Einteilungen auf alle Fälle nur schlecht.

Alte Gais
mit Kitz.

Ältere Böcke und Gaisen sind nämlich nicht nur für einen ausgewogenen Bestand wichtig, sie unterscheiden sich auch optisch deutlich von jüngeren Tieren und verhalten sich anders. Um dem natürlichen Sozialgefüge gerecht zu werden – aber auch um sich beim Ansprechen leichter zu tun –, sollte man daher in folgende Altersklassen unterteilen:

Kitze

Dazu zählt man alle Gams vom Setzen bis zur Vollendung des ersten Lebensjahres. Kitze werden bis in den Herbst gesäugt, zum Teil sogar bis ins Frühjahr hinein.

Jährlinge

Jährlinge ziehen noch großteils mit den Gaisen. Nur zur Setzzeit bilden Jährlinge oft eigene Gruppen, bei denen auch 2jährige Stücke dabeisein können. Im Sommer schließen sich vor allem weibliche Jährlinge wieder den Gaisen an. Während Töchter meist in der Nähe ihrer Mutter bleiben, beginnen Böcke ab dem 2. Lebensjahr, eigene Wege zu gehen.

Jährlinge sind optisch noch deutlich von älteren Stücken zu unterscheiden.

Gemeinsam mit den Kitzen kommt es in dieser Altersgruppe zu den meisten Ausfällen.

Flegel/Kinder

In dieser Gruppe fasst man alle 1- bis 2jährigen Stücke zusammen, also auch die oben genannten Jährlinge.

2jährige Gaisen schließen sich nur während der Setzzeit der älteren Gaisen zu eigenen Gruppen zusammen – aber nur so lange, bis sie wieder zum Rudel dürfen. Gaisen in diesem Alter bleiben meist noch in der Nähe der Mutter oder zumindest bei anderen älteren, meist Nachwuchs führenden Gaisen.

2jährige Böcke bilden hingegen bereits eigene Junggesellentrupps und ziehen oft weit umher. Mitunter schließen sich diesen Verbänden auch ein oder zwei Jahre ältere Böcke an.

Ein weiterer wesentlicher Unterschied zwischen Gais und Bock: Gaisen werden früher erwachsen. Ein Teil der 2jährigen Gaisen kann bereits in die Brunft gehen und setzt dann mit 3 Jahren das erste Kitz. 2jährige Böcke können zwar schon geschlechtsreif sein, aktiv an der Brunft teilnehmen werden sie in der Regel aber nicht.

Halbstarke/Jugendliche

In dieser Gruppe fasst man all jene Tiere zusammen, die zwar bereits geschlechtsreif, aber körperlich noch nicht fertig entwickelt sind. Auch das Verhalten unterscheidet diese Altersgruppe deutlich von dem erwachsener Gams.

Bei den Böcken zählt man die 3- bis 5jährigen zu diesen Halbstarken, bei den Gaisen die 3- bis 4jährigen – immer auch abhängig vom jeweiligen Bestand und den Lebensbedingungen.

Reife

Zu den „Reifen“ zählt man Böcke ab 5 bis 6 Jahren und Gaisen ab 4 Jahren bis zu einem Alter von etwa 12 oder 13 Jahren – wieder abhängig vom jeweiligen Bestand und Lebensraum.

Innerhalb dieser Gruppe gibt es aber ganz wesentliche körperliche Unterschiede: So sind Böcke zwischen 8 und 10 Jahren im Wildbret deutlich stärker als jüngere Kaliber – und zwar zu jeder Jahreszeit.

Senioren

Ab 13 oder 14 Jahren zählt man Gams zu den Senioren. Bei den Böcken lässt die Brunftaktivität deutlich nach, und die Gaisen setzen nicht mehr jedes Jahr ein Kitz. Gaisen können zwar bis ins hohe Alter führen, machen aber dann oft ein oder zwei Jahre Pause. Meist haben sie in diesem Fall noch das vorjährige Kitz oder auch den bereits 2jährigen Nachwuchs im Schlepptau.

2. Ansprechen

Worauf man im Revier achtet und wohin man beim Gams am besten schaut, um Gais von Bock und Jung von Alt zu unterscheiden, davon handeln die folgenden Abschnitte.

Spuren

Klare Trittsiegel oder gar frische Marken an Bäumchen sind beim Gams eher Mangelware. Dennoch verrät das ein oder andere Birschzeichen so manches spannende Detail.

Trittsiegel

Die Schalen beim Gams sind lang und schmal. Die äußeren Ränder verlaufen gerade und konisch nach vorn zusammen und sind nicht gebogen – wie bei Reh oder Hirsch. Die beiden Schalen sind durch einen deutlichen Zwischenraum getrennt, gegeneinander sehr beweglich und werden durch ein starkes Band zusammengehalten (siehe Fotos Seite 49). Sie können weit gespreizt werden und umschließen einen elastischen Sohlenballen. Das ermöglicht sowohl gute Haftung als auch ausreichend Griff im steilen Gelände.

Auf gefrorenem Boden oder hartem Schnee sind oft nur schmale Striche der Schalenränder zu erkennen.

Fährte

Zieht ein Gams über weichen Boden oder lockeren Schnee, dann spreizt er die Schalen oft weit, um mehr Auflagefläche zu haben und weniger stark einzusinken. Beim Klettern, bei

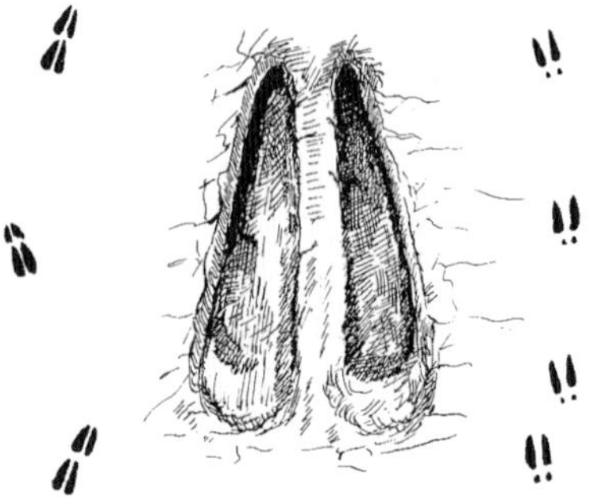

Gams-Trittsiegel.
Links Fährte vom ziehenden Gams, rechts vom flüchtigen.

Fluchten, aber auch beim Ziehen auf Geröllhalden und Felsplatten setzt der Gams die Afterklauen ein. Daher sind auf weichem Untergrund manchmal auch die Abdrücke der Afterklauen zu erkennen.

Wechsel

Im steinigen Gelände sind Fährten natürlich kaum auszumachen. Dort, wo Gams häufig wechseln, treten sie allerdings Steine ab. Mit geschultem Auge erkennt man solche Wechsel von weitem, da das frisch abgetretene, noch nicht verwitterte Gestein oft heller hervorleuchtet. Selbst in Schutt- und Steinhalden entstehen über die Jahre oftmals gut ausgetretene Gamswechsel.

„Fegestellen“

Von „Fegen“ kann bei einem Hornträger eigentlich keine Rede sein – nur Geweihträger fegen die Basthaut von ihrem Geweih. Gams hornen, das heißt, sie reiben ihre Krucken gern an Ästen, kleinen Bäumchen oder auch freiliegenden Wurzeln, und das sieht dann einer Fegestelle durchaus ähnlich. Manche dieser Reibebäume werden über Jahre genutzt. Während sich beim

Fegen oder Verschlagen oft Rindenfetzen lösen, kommt dies beim Hornen eigentlich nie vor, allerdings tritt an den Reibestellen etwas Harz aus. Durch das Reiben der Hornschläuche wird dieses Harz am Stamm oder am Zweig verteilt, nach Jahren sehen solche Stellen dann oft wie poliert aus.

Das Hornen dient dem Wohlbefinden und wird sowohl vom Bock als auch von der Gais gemacht. Auf den Krucken bildet sich dadurch mit der Zeit ein Pechbelag. Beim Hornen werden zwar auch Duftstoffe abgesetzt, für das Markieren reicht es aber, wenn ein Gams nur mit den hinter den Hornschläuchen liegenden Drüsen über Zweige oder Gräser streicht.

Lager- und Liegeplätze

Gams betten sich gern dort, von wo sie entweder gute Aussicht haben, der Wind im Sommer ein wenig Kühlung verschafft oder sie vor der Sonne oder harschem Wetter geschützt sind. Bevorzugte Liegestellen sind daher sowohl auf Kuppen oder Kanten, an Schatten spendenden Felsblöcken, aber auch in Halbhöhlen oder unter überhängenden Felswänden. An solchen Stellen findet man meist viel Losung.

Losung

Die Gamslosung ähnelt der des Rehwildes. Die einzelnen Losungspillen sind aber etwas mehr in die Länge gezogen, derber und eine Spur dicker.

Lautäußerungen

Vom warnenden Pfeifen bis zum brunftigen Keuchen – das Gamswild gibt eine ganze Reihe unterschiedlicher Laute von sich.

Pfeifen

Ein Gams pfeift, wenn er Artgenossen warnen will. Er tut dies, wenn er eine Gefahr oder einen Feind erkennt, aber auch, wenn er sich nicht im Klaren ist, ob wirklich eine Bedrohung vorliegt. Dabei presst er die Luft durch die Nüstern. Das Geräusch ähnelt einem rauen Pfiff und ist weithin gut zu hören.

Meckern

Wenn ein Kitz seine Mutter sucht, meckert es. Dabei zieht es manchmal meckernd umher. Gaisen können ebenfalls meckern. Man nimmt an, dass sich Mutter und Kind an der Stimme erkennen – ähnlich wie Hausziegen.

Blädern

Böcke blädern während der Brunft: ein schnarrender Laut, der meist mit geöffnetem Äser ausgestoßen wird und dem Ruf eines Schneehahnes ähnelt. Der Bock stößt diesen Laut nicht nur in Anwesenheit von männlichen Rivalen aus, um auf sich aufmerksam zu machen, sondern auch, wenn er sich einer Gais nähert.

Für das Ansprechen hilfreich ist die Tatsache, dass Böcke mit 2 oder 3 Jahren noch kaum bis gar nicht blädern. Im Gegenteil: Ahmt man das Blädern in ihrer Gegenwart nach, so ergreifen sie oft augenblicklich die Flucht.

Keuchen

Das Keuchen hört man bei Böcken während Hetzjagden – oftmals über weite Entfernungen. Werden dabei auch Steine losgetreten, so gibt dies jene Geräuschkulisse ab, die den Jäger schon vor Anblick der Böcke darauf aufmerksam macht, dass demnächst ein schwarzer D-Zug an ihm vorbeirauschen wird.

„Steindln“

Auch wenn es sich beim „Steindln“ um keine Lautäußerung handelt, ist es doch ein akustischer Hinweis auf Gams. Im steilen, steinigen Gelände passiert es nämlich häufig, dass Gams beim langsamen Ziehen Steine lostreten, die dann rieselnd oder polternd den Berg hinunterrollen. Umgekehrt tut der ferme Gamsjäger bei seinen Birschgängen natürlich gut daran, selbst das „Steindln“ zu vermeiden …

Decke

Gams gehören zu jenem Schalenwild, bei dem sich die Sommerdecke vom Winterhaar besonders deutlich unterscheidet. Außerdem gibt es eine Reihe von Besonderheiten, die beim Ansprechen helfen können, wie den Keulenfleck oder die Zügel.

Färbung

Als Gamsjäger sollte man eines immer im Kopf haben: Die Deckenfärbung unterscheidet sich stark, je nachdem ob man einen Gams gegen den freien Himmel oder gegen einen dunklen Hintergrund – wie etwa eine schattige Felswand – im Glas hat. Im ersten Fall wird die Decke immer dunkel, ja oft schwarz erscheinen. Im zweiten Fall ist die tatsächliche Färbung viel besser zu erkennen (siehe Fotos Seite 74).

Sommergams

Das Sommerhaar eines Gams ist kurz und licht. Die Farbe reicht von schmutzigweiß über fahlgelb bis zu rötlichbraun. Nur Läufe, Zügel, die Rückseite der Lauscher sowie Wedel und Aalstrich sind ganzjährig schwarzbraun bis schwarz, ebenso der dunkle Streifen zwischen Bauch und Flanken. Wie bei anderem

Schalenwild gibt es lange Leithaare, etwas kürzere Grannenhaare sowie Wollhaare.

Grundsätzlich kann man beim Gamswild im Sommer zwei Farbschläge unterscheiden: Die hellen fahlgelben Gams und die etwas dunkleren rötlichbraunen. Beide Typen sind auch im Winterhaar und im Frühling zu erkennen, wenn das Haar schon ausgebleicht ist. Jüngere Gams sind häufiger rotbraun gefärbt, die Decke älterer Stücke ist hingegen oft sehr licht und fahl.

Die Färbung des Sommerhaares gibt im Vergleich zum Winterhaar allerdings weniger Anhaltspunkte, um etwa Jung von Alt zu unterscheiden. Erfahrene Gamsjäger achten daher zu dieser Jahreszeit mehr auf das Verhalten und den Körperbau.

Wintergams

Das Winterhaar ist deutlich länger, dicker und fester als das Sommerhaar. Dichte Unterwolle schützt zusätzlich vor Kälte. Die Decke ist schwarzbraun bis schwarz. Nur Stirn, Wangen, die Innenseite der Lauscher und die Kehlregion sind blassgelb. Im Gegensatz zum Sommer treten beim Winterhaar nicht nur Farbmerkmale deutlicher hervor, sondern sind auch Geschlechts- und Altersunterschiede besser zu erkennen. Grundsätzlich handelt es sich bei dunkleren Stücken eher um mittelalte Gams.

Gerade die mittelalten Böcke – vor allem die 6- bis 8jährigen – sind zur Brunft und im Winter fast kohlrabenschwarz. Die Decke wirklich alter Böcke geht im Herbst und Winter dann eher ins Graubraune oder wird dachsfarben. Das Haar verliert zudem an Glanz (siehe Foto Seite 79 oben).

Sehr alte Gaisen tragen meist auch keine dunkle, schwarze Winterdecke mehr: Sie wird auffallend licht, das heißt, eher grau bis bräunlich. Das Haar wirkt stumpf, struppig und rau. Der Winterdecke eines alten Gams fehlt der seidige Glanz.

Warum ist das Winterhaar eigentlich schwarz? Zum einen sind die Haare der Winterdecke im Durchmesser dicker, allein deshalb erscheinen sie bereits dunkler. Langes Haar reflektiert außerdem das Licht anders als kurzes.

Eine dunkle Decke bietet gerade dem Gams einen großen Vorteil: Im kalten Bergwinter speichert nämlich eine schwarze Oberfläche die Wärme besser als eine helle. Auch Gamskitze sind in den ersten Wochen viel dunkler als erwachsene Tiere, wenn sie noch das feine Wollhaar tragen. Ein solches Haarkleid hilft nicht nur Wärme zu speichern, sondern schützt auch vor UV-Strahlen. Gerade im Hochgebirge ist das gut zu erkennen: Die Winterdecke eines Gams ist im Frühjahr stark ausgebleicht. Von der fast schwarzen Herbst- und Winterfärbung ist dann nichts mehr zu erkennen, und die Decke ist im April nur mehr lichtbraun. Beim Waldgams bleicht das Winterhaar dagegen viel weniger aus.

Kohlgams

Der Kohlgams hat weder eine helle Kehl- und Wangenregion, noch hat er erkennbare Zügel oder helle Überaugenflecken. Meist ist nur die Stirnblässe vorhanden, diese kann aber auch fehlen. Vorkommen und Verbreitung dieser genetischen Sonderform sind sehr verschieden: In einigen Alpenregionen kommen Kohlgams seit Jahrhunderten immer wieder vor, in anderen fehlen sie völlig. Normal gefärbte Gaisen können Kohlkitze setzen, und umgekehrt können Kohlgaisen auch normal gefärbte Kitze zur Welt bringen.

In der Sommerdecke werden nur Profis einen Kohlgams erkennen: Das Haupt ist etwas dunkler, auch die Kehle ist nicht hell, und die Decke mehr rotbraun mit dunkleren Leithaaren.

Weiße Gams

Weiße Gams haben seit jeher die Fantasie vieler Jäger und Bergbewohner angeregt, um sie ranken sich viele Mythen. Solche Albinos sind zwar sehr selten, kommen aber immer wieder vor. Der Grund für die auffallende Deckenfärbung: Die Hautzellen können den Farbstoff Melanin nicht erzeugen.

Anders beim sogenannten „Leuzismus“, bei dem der Gams vereinzelt weiße Flecken auf der Decke aufweist: Dabei fehlen Teilen der Haut Melanozyten, die als Hautzellen den Farbstoff Melanin bilden. Wo sie fehlen, bleibt das Haar weiß. Gefleckte oder gänzlich weiße Gamsgaisen können wieder normal gefärbte Kitze setzen.

Die Decke bleibt Sommer wie Winter weiß, wobei es gerade im Sommer auch unter den normalen Gams mitunter sehr licht gefärbte, meist alte Stücke gibt.

Keulenfleck

Der Keulenfleck ist ein lichter Bereich am Schlögel. Er wird in der schwarzen Winterdecke sichtbar und ist – mit Vorsicht genossen – ein Hinweis für einen jungen Gams. Erklärt wird diese helle Färbung mit der Ausschüttung des männlichen Geschlechtshormons Testosteron. Offenbar gibt es im Keulenbereich Reizempfänger für dieses Hormon, das gerade bei jungem – weiblichem wie männlichem – Wild noch nicht so stark erzeugt wird. Daher bleibt ein lichter Fleck im Winterhaar (siehe Foto Seite 57 unten).

Bei weiblichem Wild ist der Keulenfleck über Jahre zu sehen, allerdings von Tier zu Tier unterschiedlich ausgeprägt. Bei alten Gaisen verschwindet der helle Keulenfleck aber dann ebenso wie bei reifen, im Vollsaft stehenden Böcken. Bei Böcken ab etwa 12 Jahren – deren männlicher Hormonspiegel nicht mehr ganz so hoch ist – kann der Keulenfleck wieder sichtbar werden (siehe Foto Seite 75 unten). Eindeutige Rückschlüsse auf das Alter gibt der Keulenfleck nicht. Als zusätzlicher Hinweis beim Ansprechen taugt er aber allemal.

Bart

Die langen Leithaare entlang des Aalstrichs am Rücken werden nur einmal gewechselt. Sie können bei den Böcken über 20 Zentimeter lang werden. Ihre Spitzen sind pigmentleer, in der Jägersprache wird dies als „Reif" bezeichnet (siehe Foto Seite 75 oben). Jäger aus dem Alpenraum binden daraus den beliebten Gamsbart.

Den Gamsböcken selbst dienen diese Leithaare entlang der Rückenlinie zum Imponieren. Kommt ein männlicher Artgenosse zu nahe, wird Breitseite an Breitseite Aufstellung genommen, und die langen Rückenhaare werden aufgestellt. Die so zusätzlich gewonnenen Zentimeter Körpergröße verhelfen zu mehr Selbstbewusstsein (siehe Foto Seite 65 oben).

Am längsten ist der Bart im Frühjahr. Dann kommt er bei Revierstreitigkeiten ebenso zum Einsatz wie während der Brunft. Meist haben die kraftstrotzenden mittelalten Böcke im Alter zwischen 6 und 8 Jahren den längsten Bart. Zum sicheren Ansprechen des Alters eignet sich der Gamsbart aber nicht.

Breitseit-Imponieren.

Haupt

Gerade das Haupt mit seiner kontrastreichen Gesichtszeichnung, der „Maske", bietet dem Jägerauge wichtige Hilfe beim Ansprechen. Besonders auffallend sind dabei die „Zügel": jene beiden schwarzbraunen Bänder, die vom Windfang über die Lichter bis zu den Lauschern reichen. Die Zügel bei mittelalten Stücken heben sich noch scharf ab. Mit zunehmendem Alter wachsen Gams allerdings mehr und mehr graue Haare. Dadurch wird der Kontrast der schwarzen Streifen zu den hellen Wangen geringer, und er verwäscht zusehends (siehe Fotos Seiten 61 und 79 unten). Oft muss man allerdings sehr genau hinsehen, um zu erkennen, dass die schwarzen Zügel allmählich mit grauen Haaren durchsetzt werden. Besonders beim dunklen Farbschlag sind die Zügel auch im höheren Alter nur wenig verwaschen.

Einen weiteren Anhaltspunkt bietet die weiße Stirnblässe: Da Äser und Stirn im Alter breiter werden, wird meist auch diese Blässe breiter. Bei einem alten Gams verläuft sie daher von der Stirn zum Windfang hin gleichmäßig, während sich die Blässe bei einem heranwachsenden Gams zum Windfang hin verjüngt.

Haarwechsel

Im Schnitt braucht ein Gams 40 Tage für den Haarwechsel. Stücke mit ausreichend Fettreserven und höherem Körpergewicht beginnen um bis zu drei Wochen früher mit dem Verfärben als Stücke, die weniger gut im Wildbret stehen. Nicht selten gleicht sich dieser „Vorsprung" aber wieder aus: Die Frühstarter lassen sich mit dem Haarwechsel oft mehr Zeit als die Spätzünder.

Vom Winterhaar zum Sommerhaar

Gerade nach langen Wintern müssen Gams für den Haarwechsel erst wieder Substanz aufbauen, da die Erneuerung der Decke zusätzlich an den Kräften zehrt. Gaisen – insbesondere ältere – benötigen daher oft bis in den August hinein, bis sie das Winterhaar vollkommen gewechselt haben (siehe Foto Seite 60 unten). Der Grund liegt auf der Hand: Sie brauchen ihre Reserven vorrangig für das Setzen und das Säugen.

Böcke verfärben insgesamt früher als Gaisen. Junge und mittelalte Gamsböcke sind ihren älteren Artgenossen oft weit voraus. Den reiferen Herren stecken nicht nur noch die Strapazen der Brunft in den Knochen, für sie gibt es bereits im Frühjahr mit dem Abgrenzen ihres Territoriums viel zu tun. Ausnahmen beim frühen Verfärben bilden manchmal Jährlinge oder andere Stücke, denen der Winter alles an Kräften abverlangt hat und die daher erst spät umfärben.

Vom Sommerhaar zum Winterhaar

Ähnliches gilt beim Wechsel ins Winterhaar. Reife, in der Vollkraft stehende Böcke, aber auch mittelalte Gaisen zeigen sich häufig bereits vor der Brunft im dunklen Schwarz.

Ältere Gaisen und auch Jungwild sind zu diesem Zeitpunkt oft noch nicht voll durchgefärbt. Zudem ist auch das Winterhaar von Jährlingen und 2jährigen Gaisen mitunter etwas lichter.

Bei richtig alten Damen und Herren mischt sich zum Schwarz immer mehr Grau dazu. Die Decke wirkt häufig stumpf und ohne Glanz.

Wildkörper

Dem Wildkörper kommt beim Ansprechen von Gams besondere Bedeutung zu. Kann man Stücke im Rudel vergleichen, tut man sich recht leicht. Doch selbst wenn man nur einen einzelnen Gams vor sich hat, gibt es brauchbare Hinweise.

Vorweg geht es in den folgenden Abschnitten zunächst um Haupt und Geschlechtsmerkmale, in der Folge um den ganzen Wildkörper und wie sich dieser im Lauf der Jahre verändert.

Haupt

Bei einem jungen Gams ist das Haupt dreieckig und kurz. Erfahrene Jäger sprechen in diesem Zusammenhang von einem unbekümmerten „Kinderblick". Je älter ein Gams wird, desto länger, breiter und derber wird das Haupt (siehe Foto Seite 53 oben). Bei alten Stücken treten zudem die Augenhöhlen – und damit die Lichter – immer deutlicher und knochiger hervor. Böcke bekommen mitunter zusätzlich eine Ramsnase.

Brunftfeigen

Hinter den Krucken am Hinterhaupt haben sowohl Bock als auch Gais sogenannte Brunftfeigen: Drüsen, die ein fettiges, stark riechendes Sekret zum Markieren ausscheiden. Beim erwachsenen Bock schwellen diese Brunftfeigen rund um die Brunft – von Oktober bis Dezember – stark an. Beim Ansprechen kann es daher passieren, dass die Krucken eines Bockes um diese Zeit kürzer wirken (siehe Foto Seite 68 unten).

Pinsel

Der Pinsel ist beim Bock zwar kein wirklich verlässliches Altersmerkmal, hilft aber dennoch beim Ansprechen. Bei jungen Böcken besteht er zunächst nur aus einigen wenigen, längeren Haaren, die einem etwas stärkeren Faden gleichen (siehe Fotos Seiten 64 und 65 unten). Mittelalte Böcke tragen bereits einen gut erkennbaren, aber nicht stark ausgeprägten breiteren Pinsel. Erst bei reifen Herren von mindestens 10 Jahren wird er deutlich breiter und auffallend dicht. Man spricht dann gern von einem sogenannten „Zwergenbart" (siehe Foto Seite 75 unten). Doch Vorsicht: Das beste (Haar-)Stück ist von Bock zu Bock unterschiedlich stark, und es kommt immer auch auf den Blickwinkel an, aus dem man den Pinsel betrachtet: ob etwa von steil oben oder von unten.

Brunftkugeln

Bekommt man einen Bock nur von hinten zu sehen und ist der restliche Wildkörper verdeckt, können zumindest die Brunftkugeln ein wenig Aufschluss geben: Diese sind nämlich ab Herbst nur bei erwachsenen, reifen Böcken zu sehen und leuchten meist hell heraus (siehe Foto Seite 71 unten).

Gesäuge

Das Gesäuge der Gaisen ist nur im kurzen Sommerhaar gut zu erkennen. Im längeren Winterhaar verschwindet es. Gerade dies kann zu falschen Schlüssen und Schüssen führen: Selbst eine Gais, der das Kitz nicht auf dem Fuß folgt, kann führend sein!

Unterscheidung Bockkitz/Gaiskitz

Das Geschlecht lässt sich gerade in den ersten Lebensmonaten nur sehr schwer unterscheiden. Am ehesten verrät noch das Nässen, ob man Bock- oder Gaiskitz vor sich hat: Der junge Bock ist Stehpinkler, während das Gaiskitz dabei – wie später auch als erwachsene Gais – die Hinterläufe leicht abwinkelt und in die Hocke geht (siehe Foto Seite 55 oben).

Von der Jährlingsgais bis zur Altgais

Gerade die Gamsgais erreicht ein für die Tierwelt ansehnliches Alter. Was sich in den bis zu 20 Lebensjahren an Wildkörper und Verhalten ändert, beschreiben die folgenden Abschnitte.

Wildkörper

Vorweg: Je älter ein Gams wird, desto kastenförmiger und grobknochiger wird der Körperbau. Das Brustbein tritt deutlicher hervor, wodurch die Vorderläufe weiter hinten stehen und optisch zur Körpermitte wandern. Bei älteren Stücken hängt zudem der Bauch etwas durch, sie haben meist einen leichten Senkrücken und sind hinten oft etwas eingefallen.

Eine Jährlingsgais ist noch ein richtiges Kind – zumindest bis in den Frühsommer. Man sieht am Wildkörper, dass dieser noch lange nicht fertig ist. Er wirkt kindlich und feingliedrig, und das Haupt ist kurz und spitz. Ab Herbst wird der gesamte Wildkörper dann bereits fester (siehe Foto Seite 52 unten).

2jährige Gamsgaisen haben immer noch ein eher dreieckiges kurzes Haupt, sie sind schlanker und schlaksiger auf den noch hohen Läufen als ihre älteren weiblichen Verwandten. Im Gegensatz zu späteren Jahren kommen die körperlichen Unterschiede zwischen Gais und Bock in den ersten 2 bis 3 Jahren nicht so stark zur Geltung.

Mit 3 Jahren führt eine Gais oft das erste Kitz und stellt das Körperwachstum ein. Diese jungen führenden Gaisen sind gut proportioniert, kompakt und körperlich fertig entwickelt. Im Gegensatz zu älteren Gaisen ist das Haupt aber noch etwas kürzer und der Äser ein wenig schmäler (siehe Foto Seite 56 unten).

Ab 4 Jahren tut man sich bei Gaisen bereits schwer, das Alter genau anzusprechen. Es treten zudem individuelle körperliche

Unterschiede auf, die aber gerade im Rudel – im unmittelbaren Vergleich mit anderen Stücken – gut sichtbar werden.

Erst ab rund 10 bis 12 Jahren wird das Ansprechen der Gaisen wieder einfacher. Auch wenn es nicht für alle Gaisen zutrifft, treten dann einzelne Altersmerkmale deutlich zu Tage: So wirkt das Haupt länger und breiter, und die Lichter stehen weiter vor. Der Träger wirkt im Verhältnis zum Körper oft dünn und aufgesetzt. Am Rumpf tritt das Brustbein hervor, und ab Herbst haben sie oftmals einen kleinen Hängebauch (siehe Foto Seite 60 oben). In Summe wirkt eine Gais jetzt zunehmend grobknochiger. Wie gesagt: All dies trifft nicht für alle Gaisen zu, es gibt immer wieder Ausreißer nach oben oder nach unten.

Etwa im Alter von 13 oder 14 Jahren – und immer vom jeweiligen körperlichen Zustand abhängig – setzen Gaisen oft das erste Mal beim Setzen aus: Sie machen ein Jahr Pause und führen kein Kitz, um erholt im Jahr darauf wieder eines zu führen. Nicht selten entwickeln sich gerade diese Kitze besonders gut, wenn sie ganze zwei Jahre unter der Fürsorge und Obhut ihrer Mutter stehen, weil die Gais nach der Geburt wieder ein Jahr aussetzt.

Kitz

mittelalte Gais

junge Gais

alte Gais

Richtig alte Gaisen ab 17 Jahren oder älter führen selten. Sie stechen einem ins Auge – allerdings immer auch von der Jahreszeit abhängig: Sie haben ein langes Eselshaupt mit hervortretenden Lichtern und breitem Äser. Brustbein und Beckenknochen werden sichtbar, die Flanken sind eingefallen. Hängebauch und ein grobknochiger Gesamteindruck runden das Bild ab. Solche uralten Gaisen brauchen zudem oft lange, bis sie das Winterhaar gegen die Sommerdecke gewechselt haben.

Verhalten

Anhand des Verhaltens kann man bereits ab dem Jährlingsalter Bock und Gais ganz gut auseinanderhalten: Während 1jährige Gaisen noch stark die Nähe der Mutter suchen und mit ihr ziehen, sondern sich Jährlingsböcke gerne ab.

Auch 2jährige Gaisen verbleiben – im Gegensatz zu den Böcken in diesem Alter – fast immer im Rudel und in der Nähe der Mutter. Allerdings legen die Gaisen in diesem Alter bereits untereinander ein wenig die Rangordnung fest. Dies passiert nicht mehr ganz so spielerisch wie als Kitz oder Jährling und ist bereits mit Drohen und Breitseitimponieren verbunden.

Ab 3 Jahren setzen Gaisen in der Regel jedes Jahr ein Kitz. Doch Vorsicht: Das muss nicht immer auf den ersten Blick zu sehen sein. Das Kitz kann gerade im „Kindergarten" oder mit Spielgefährten unterwegs sein. Vor allem im Herbst und zur Brunft können Kitze ein bis zwei Tage mit einem Spielgefährten oder einer anderen Gais – manchmal auch mit einem jungen Bock – ziehen, weil die Mutter mitten im Brunftgeschehen steht und sich nicht um das Kitz kümmert.

Innerhalb eines Scharwildrudels kann auch das Betten brauchbare Hinweise geben, welche Gais eher jünger und welche älter ist. Gute Liegeplätze sind gerade im steilen Gelände Mangelware und daher heißbegehrt. Fordert eine Gamsgais eine andere mit gesenkten Krucken auf, den Platz freizumachen, so wird es sich höchstwahrscheinlich um eine hochrangige – und damit ältere – handeln, die die jüngere verscheucht.

Alte Gaisen bleiben zwar noch in Kontakt mit dem Rudel, halten sich aber lieber am Rande der Gruppe auf. Manchmal bilden solche älteren Damen auch eigene kleinere Trupps. Steht allerdings eine alte Gais im Sommer völlig alleine, dann spricht einiges dafür, dass sie nicht mehr ganz gesund ist.

Geht ein Rudel flüchtig ab, bleibt eine alte Gais nicht selten zurück oder stellt sich allein irgendwo ein. Auch in der Bewegung wird ein Unterschied erkennbar: „Ein junger Gams springt, ein alter Gams steigt."

Wirklich alte Gaisen ab 17 Jahren spielen mit Sicherheit keine Rolle mehr als Leitgais. Der Rummel innerhalb eines Rudels wird ihnen schon zuviel, und sie liegen lieber irgendwo am Rand (siehe Foto Seite 61 oben). Aus diesem Grund erkennen sie Gefahren oft schon früher und verdrücken sich still und heimlich, statt halsbrecherisch zu flüchten. Sie bewegen sich – vor allem im Winter – meist nur noch auf engem Raum.

Vom Jährlingsbock bis zum alten Bock

Vom verspielten Kitz bis zum grimmigen Platzbock ändert sich vieles im Leben eines Gamsbockes. Das Wichtigste dazu ist in den folgenden Zeilen zusammengefasst.

Wildkörper

Jährlingsböcke haben das typisch kurze, dreieckige Haupt und sind in den Proportionen noch sehr kindlich. Eine Unterscheidung zwischen Bock und Gais ist in diesem Alter anhand des Wildkörpers kaum bis gar nicht auszumachen.

Böcke mit 2 Jahren wirken im Vergleich zu älteren Artgenossen immer noch kindlich. Sie haben ein kurzes Haupt und einen sichtlich noch nicht ausgewachsenen Körper (siehe Fotos Seiten 56 oben und 63 unten).

Mit 3 oder 4 Jahren wird ein Gamsbock schon recht kompakt, es fehlt ihm aber auf alle Fälle der deutliche Brustkern. In diesem Alter hilft am besten der Vergleich: Steht ein solcher Jüngling neben einem reifen Bock, erkennt man den etwas unreifen Wildkörper schnell. Im Gegensatz zu gleichaltrigen Gaisen haben diese Böcke aber schon ein breiteres Haupt und einen breiteren Äser. Da es in dieser Altersgruppe sehr individuelle Entwicklungsschübe gibt, ist ein aufs Jahr genaues Ansprechen oft nicht möglich.

Der Gamsbock ist – im Gegensatz zur Gais – erst mit rund 5 Jahren fertig entwickelt. Dann ist er ausgewachsen. Erst in diesem Alter beginnt er, im Sommer so richtig Feist anzusetzen. Die Böcke sind oft echte Athleten, und zur Brunft hin hat man das Gefühl, sie wissen gar nicht, wohin mit ihrer Energie. Selbst für unerfahrene Jäger sind sie nun anhand des Körpers leicht von Gaisen zu unterscheiden (siehe Foto Seite 70 unten).

In den Folgejahren von etwa 6 bis 10 Jahren, wenn die meisten Böcke in der vollen Blüte stehen, fällt das genaue Ansprechen schwer. Wichtig ist jedenfalls, einen Bock rasch – und mit ein wenig Erfahrung fast intuitiv – in die richtige Altersgruppe einzuordnen.

Bock-Silhouetten: von Jung zu Alt.

Sind Gamsböcke erst einmal 11 Jahre oder älter, wird es wieder leichter: Der Gams wirkt derb, das Brustbein tritt deutlich hervor, und er steht oft wie ein richtiger Kasten vor einem. Besonders im Winterhaar scheint es, als ob ein solch alter Bock auf kürzeren Beinen steht als seine jüngeren Artgenossen. Meist trägt er auch Haupt und Träger tiefer, und der Bauch beginnt ein bisschen durchzuhängen. Das Haupt wird länger, die Lichter treten vor, und er bekommt – wie weiter vorne bereits erwähnt – manchmal auch eine Ramsnase.

Verhalten

Jährlingsböcke findet man bisweilen auch noch in den Scharwildrudeln. In diesem Alter ist es von Vorteil, sich in der Nähe einer erfahrenen Gais aufzuhalten und von ihr zu lernen. Die selbständigeren Jährlingsböcke sondern sich aber schon durchaus von ihrem Stammrudel ab und ziehen mit Altersgenossen.

Für zwei Wochen rund um die Setzzeit dürfen aber selbst die Muttersöhnchen nicht zu den Gaisen. Sie suchen dann gern woanders Anschluss. In einem großen Gaisenrudel wird man in der Setzzeit kaum Jährlinge finden.

Teilweise schon als Jährlinge, aber spätestens ab einem Alter von 2 bis 3 Jahren, sind Böcke bereits in eigenen Verbänden unterwegs. Im Gegensatz zu gleichaltrigen Gaisen benehmen sie sich ein wenig wilder und flegelhafter: Besonders im Frühsommer sieht man solche Jünglinge auf den letzten Schneefeldern umherjagen, spielerisch kämpfen oder auf Felsblöcke rauf und runter springen.

Auch 3 bis 4 Jahre alte Böcke ziehen noch nicht allein. Sie bilden entweder größere Gruppen, denen oft auch 2jährige Böcke angehören, oder ziehen nur mit einem einzigen Kumpan umher.

Böcke, die mit 5 Jahren gerade erwachsen geworden sind, sind manchmal auch zu zweit unterwegs (siehe Foto Seite 66 oben).

Ausgewachsener Bock.

Obwohl körperlich ausgewachsen und durchaus ansehnlich, fehlt es diesen Böcken oftmals noch an Selbstvertrauen. Das ist besonders deutlich zu sehen, wenn ihnen plötzlich ein älterer Artgenosse begegnet.

Ab 7 oder 8 Jahren werden die meisten Böcke zu Einzelgängern. Sie werden nicht nur aufmerksamer und vorsichtiger, sondern auch nervenstärker. Von Fall zu Fall lassen sie sich vom Menschen übergehen und flüchten nicht bei jeder Kleinigkeit. Man spürt ihnen förmlich an, dass sie über die Jahre gelernt haben, wie der Hase läuft.

Bei wirklich alten Herren kommt dazu, dass sie gerade in der Brunft nicht mehr so viel auf den Läufen sind wie ihre jüngeren Artgenossen. Auch die abenteuerlichen Hetzjagden finden meist ohne sie statt.

In der Brunft

Gerade in den Brunftwochen zwischen Oktober und November gibt es Verhaltensweisen, die ganz typisch für Böcke sind und sie leicht als solche erkennen lassen – selbst ohne Fernglas oder Spektiv.

Brunftschütteln

Während der Brunft verrät eine typische Verhaltensweise den Bock: Dieser schüttelt sich, während er nässt, um sich an den Flanken zu benetzen und richtig nach Brunft zu riechen (siehe Foto Seite 73 unten). Auf weite Entfernung ist bisweilen die feuchte, glänzende Decke gut zu erkennen (siehe Foto Seite 75 oben), auf kürzere Entfernung ist dieses „Parfum“ ohnehin nicht zu überriechen …

Auf Aussichtswarte

Gerade zu Beginn der Brunft stehen Gamsböcke gerne auf regelrechten Aussichtswarten, um große Kare oder Gebiete zu überblicken. Dabei halten sie zunächst nicht Ausschau nach brunftigen Gaisen, sondern nach männlichen Rivalen, die sich in der Nähe befinden (siehe Foto Seite 72 unten).

Hetzjagd

Sieht man zwei Gams mit hohem Tempo und in wilder Hetzjagd hintereinander herjagen, handelt es sich immer um Böcke, die sich in die Quere gekommen sind (siehe Foto Seite 80). Eine Gais wird zwar in der Brunft auch manchmal hart vom Bock getrieben, aber niemals so kompromisslos und mit solch hoher Geschwindigkeit. Bei diesem „Treiben“ versucht der Bock ja nur, mit der Gais abzuhauen oder sie ins eigene Revier zu bringen.

Wiedererkennung über Jahre

Schon innerhalb eines Jahres verändert sich ein Gams – insbesondere der Bock – gewaltig und macht eine Wiedererkennung mitunter schwierig: Neben der Deckenfärbung wechselt auch das Gewicht deutlich. Ein Gamsbock kann vor der Brunft leicht 40 Kilogramm Lebendgewicht erreichen und gegen Ende des Winters nur mehr knapp über 20 Kilogramm wiegen. In einem strengen Winter geht nicht nur der Feistvorrat verloren, sondern es wird auch Muskelmasse abgebaut, sodass Schlögel, Flanken, Ziemer und sogar das Haupt oft einfallen.

Von Vorteil für das Wiedererkennen sind daher gerade beim Gams körperliche Besonderheiten: eine abgebrochene oder verbogene Krucke, geschlitzte Lauscher oder markante Zügel (siehe Foto Seite 68 oben). Solche Tiere sollten eigentlich nicht bejagt werden, bieten sie doch über Jahre die Möglichkeit, mehr über deren Entwicklung und Verhalten zu lernen.

Einfacher wird das Wiedererkennen einzelner Tiere anhand ihres Verhaltens sein: Gerade im Sommer bleiben Böcke einem Gebiet oft über Jahre treu, und Gaisen halten meist an jenen Streifgebieten fest, die von der Mutter an die Tochter weitergegeben wurden. Einem bestimmten Lebensraum wird von einzelnen Gamsfamilien oft über Generationen die Treue gehalten.

Aber Vorsicht: Bei Gamswild muss man immer bedenken, dass es je nach Witterung oder Jahreszeit zwischen Hochlage und Wald oder zwischen Sonn- und Schattseite wechselt. Damit wechseln die Gams auch häufig zwischen unterschiedlichen Jagdrevieren hin und her. Um einen auffälligen Gams über Jahre zu schonen und beobachten zu können, bedarf es daher guter nachbarschaftlicher Beziehungen.

Krucken

Wenn der Gams einmal ausgewachsen ist, geben die Krucken beim lebenden Wild kaum Hinweise auf das Alter. Dennoch: Ein paar Informationen über die schwarzen Schläuche sind für das Ansprechen zweifellos von Nutzen.

Aussehen

Die Hörner der Gams bestehen aus Knochenzapfen, die fast senkrecht auf dem Schädel ansetzen. Diese werden von einem Hornschlauch umschlossen, der zeitlebens von unten her wächst. Der älteste Hornabschnitt liegt also an der Schlauchspitze. Im Gegensatz zu Geweihen werden die Krucken nie abgeworfen und sind auch niemals verzweigt.

Beim Gamswild tragen beide Geschlechter schwarze, schlanke Hörner, die 20 - 25 Zentimeter, in Ausnahmefällen sogar 30 Zentimeter lang werden können. Sie sind an der Spitze gebogen. Die Hornschläuche der Böcke sind meist um 10 - 20 Prozent dicker als jene der Gaisen.

Höhe, Stärke oder gar Auslage der Krucken sagen nur sehr wenig über das Alter eines erwachsenen Stückes aus.

Jahresringe und Schmuckringe

Im Winter wird das Wachstum unterbrochen, sodass man die jährlichen Wachstumsabschnitte als Jahresringe erkennen kann. Anhand dieser Jahresringe kann das Alter eines Tieres gut bestimmt werden. Aber Achtung: Es gibt auch sogenannte Schmuckringe, und die müssen bei der Altersbestimmung von den Jahresringen auseinandergehalten werden.

Schmuckringe sind lediglich ringförmige Verdickungen am Hornschlauch. Jahresringe erkennt man im Gegensatz dazu, dass die Einschnürungen rund um den Schlauch herumlaufen. Schmuckringe und Jahresringe kann man leichter voneinander unterscheiden, wenn man weiß, wie lang die Wachstumsschübe in den einzelnen Lebensjahren sind.

Pechbelag

Stark verpechte Krucken sind gerade bei Böcken ein gutes Altersmerkmal, weil ein Gams Jahre braucht, um einen dicken Pechbelag aufzubauen (siehe Foto Seite 79 oben). Auch Gaisen können einen Pechbelag haben, allerdings ist das seltener.

Hakelung

Bei Böcken krümmen sich die Schläuche an der Spitze stärker nach unten als bei Gaisen. Bei weiblichen Stücken laufen die Hakel hingegen flach oder nur leicht gekrümmt nach hinten aus. Es gibt jedoch immer wieder Gaisen mit Bock-Hakelung und Böcke, die nur schwach gehakelt sind. Die Krümmung der Hakelung entsteht vor allem im 2. Lebensjahr.

Hakelung
bei einer Gais

Hakelung
beim Bock

Stärke

Vom Jährlingsalter an sind Gais und Bock oft schon durch die Kruckenstärke auseinanderzuhalten. Die Schläuche des Bockes sind von Beginn an meist an der Basis stärker und haben einen eher rundlichen Querschnitt, während die Krucken der Gaisen zarter gebaut und im Querschnitt eher oval sind.

Besonders in den ersten drei Lebensjahren, in denen es zwischen dem Körperbau einer Gais und eines Bockes noch keine gravierenden Unterschiede gibt, kommt der Krucke als Unterscheidungsmerkmal größere Bedeutung zu (siehe Foto Seite 56 oben).

Entwicklung

Im 1. Lebensjahr schiebt das Kitz kurze Hornspitzen, die bereits im Herbst zu sehen sind. Im folgenden Frühjahr sind sie schon ungefähr 5 - 6 Zentimeter lang. Im 2. Lebensjahr ist dieser erste Wachstumsschub noch gut erkennbar, später wird hier das Horn allerdings abgescheuert und blankpoliert. Dieser erste Wachstumsabschnitt ist beim erwachsenen Gams daher kaum mehr zu erkennen, reicht aber in der Regel von den Hornspitzen bis zur Krümmung der Krucken.

Im 2. Jahr erfolgt der stärkste Wachstumsschub. Er entscheidet, wie hoch eine Gamskrucke später einmal sein wird. Im Schnitt wächst der Hornschlauch im 2. Lebensjahr 8 - 9 Zentimeter. Die Bandbreite schwankt hier zwischen 5 und 15 Zentimeter.

Im 3. Lebensjahr werden noch immer rund 3 - 4 Zentimeter geschoben.

Der Wachstumsschub im 4. Lebensjahr beträgt etwa 1 Zentimeter. Dieser „Zentimeterring“ gibt für die Altersbestimmung einen guten Anhalt, da er meist recht eindeutig zu erkennen ist.

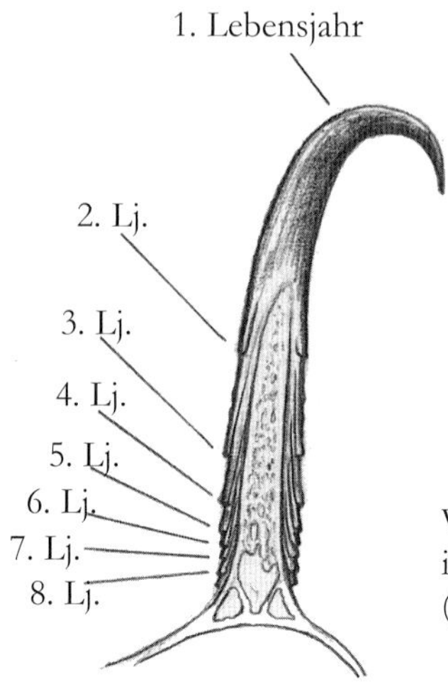

Wachstumsabschnitte der Krucke
in den einzelnen Lebensjahren
(Bockkrucke)

Im 5. Jahr wird in der Regel nur mehr ein halber Zentimeter geschoben, danach gibt es nur noch Millimeterringe. In einem Jahr wachsen die Krucken dann also nicht mehr als 1- 2 Millimeter. Diese Millimeterringe sind ebenfalls gut und eindeutig zu erkennen. Wenn man also den Zentimeterring aus dem 4. Lebensjahr findet, kann man anhand der folgenden Jahresringe an den Krucken das Alter im Normalfall exakt bestimmen – es sei denn, die Krucken sind stark verpecht. Dann sind die Jahresringe oft kaum sichtbar, weil vom Pech überlagert.

Form und Wachstum der Krucken sind abgesehen vom Erbgut auch maßgeblich von der Nahrung, dem Klima und dem Lebensraum abhängig. Interessanterweise kann neben Seehöhe oder Winterstrenge auch das Grundgestein eine Rolle spielen: So ist etwa im Kalkgebirge die Pflanzenvielfalt bedeutend höher als im Urgestein, und daher gibt es dort im Sommer auch mehr Äsung – genügend Feuchtigkeit vorausgesetzt. So weisen Jährlinge aus Gebieten mit Silikat- oder Urgestein oft weniger starkes Hornwachstum auf als jene, die aus Kalk- oder Dolomitbergen stammen.

Zähne

Die Zahnabnutzung ist für die Altersbestimmung beim Gamswild nebensächlich. Am ehesten gibt noch der Zahnwechsel Auskunft, etwa wenn man nicht sicher ist, ob ein Kitz oder ein 1jähriges Stück vor einem liegt, oder wenn ein Stück Fallwild ohne Schläuche gefunden wird. Der Zahnwechsel ist dabei aber nur bis zum 4. Lebensjahr eine Hilfe.

Zahnformel

Erwachsene Gams haben im Dauergebiss 32 Zähne. Je Kieferast gibt es 6 Backenzähne: 3 Vordere Backenzähne („Prämolar" = P) und 3 Backenzähne („Molar" = M).

Im Unterkiefer hat der Gams insgesamt 6 Schneidezähne („Incisivo" = I) und 2 vorgerückte Eckzähne („Caninus" = C).

Die Zahnformel für das Dauergebiss lautet daher:

Oberkieferast:	0 I	0 C	3 P	3 M	x 2 = 12
Unterkieferast:	3 I	1 C	3 P	3 M	x 2 = 20

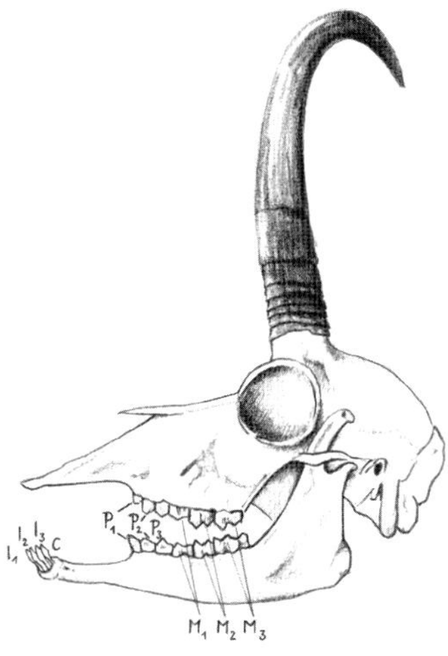

Dauergebiss eines Gams (8jähriger Bock)

Zahnwechsel

Die Milchzähne brechen unmittelbar vor oder nach der Geburt durch. Kitze im Alter von 1 oder 2 Monaten haben also auf alle Fälle sämtliche Milchzähne. Der nachfolgende Zahnwechsel und das Wachstum der Molaren vollziehen sich aber recht langsam. Das bleibende Gebiss ist spätestens im Alter von 4 Jahren vollständig.

Beim Zahnwechsel geben vor allem die Schneidezähne sichere Auskunft über das Alter des Tieres. Sie werden von innen nach außen gewechselt.

Bei Kitzen sind noch alle Schneidezähne Milchzähne. Im Unterkiefer gibt es jeweils drei Schneidezähne und gleich anschließend den vorgerückten Eckzahn, der ebenfalls wie ein schmaler, außen sitzender Schneidezahn aussieht.

Die Milchbackenzähne sind bereits kurz nach der Geburt vorhanden. Der erste Backenzahn (M 1) wird mit ungefähr einem halben Jahr gewechselt.

Im Sommer des 2. Lebensjahres werden meist die ersten beiden Schneidezähne gewechselt, das sind die zwei in der Mitte. Die Schneidezähne im Dauergebiss – die „Schaufeln" – sind deutlich größer als jene im Milchgebiss und daher leicht von diesen zu unterscheiden. Ein Jährling besitzt also mit Sicherheit zwei deutlich größere Schneidezähne (I 1), die bereits zum Dauergebiss gehören.

Der zweite Backenzahn (M 2) bricht im Alter von ungefähr 15 Monaten durch.

Etwa zu Beginn des 3. Lebensjahres (Juni/Juli) sind die zwei nächsten Schneidezähne (I 2) vorhanden. Der Gams ist nun 2 Jahre alt. Hier gibt es aber die größten Schwankungen – der Wechsel des I 2 kann sich vom 2. bis zum 4. Lebensjahr ziehen.

Der dritte Backenzahn (M 3) bricht mit rund 27 Monaten durch, die Vorderen Backenzähne (P) mit 27 bis 36 Monaten.

Der dritte Prämolar (P 3) ist im Milchgebiss im Unterkiefer dreiteilig, im Dauergebiss nur mehr zweiteilig. Sobald er zweiteilig ist, ist der Gams 2 Jahre und 3 Monate alt (27 Monate). Der zweite und der dritte Prämolar im Oberkiefer sind als Milchzähne zweiteilig, im Dauergebiss aber einteilig.

Vom 3. auf das 4. Jahr werden in der Regel die zwei nächsten Schneidezähne gewechselt (I 3), also wenn der Gams ungefähr 3 Jahre alt wird. Im Sommer desselben Jahres können auch die beiden Eckzähne gewechselt werden. Ein 3jähriger Gams hat im Herbst zur Jagdzeit daher fast immer alle Schneidezähne gewechselt, mitunter auch die zwei außen anliegenden Eckzähne.

Beim 4jährigen Gams ist der Zahnwechsel abgeschlossen, und er hat in jedem Fall alle Schaufeln gewechselt. Der Zahnwechsel – insbesondere bei den Schneidezähnen – ist daher für eine Altersunterscheidung in den ersten 4 Jahren und als zusätzliche Bestimmung zu den Jahresringen auf der Krucke sinnvoll. Danach kann das Alter anhand der Zähne nicht mehr eindeutig bestimmt werden.

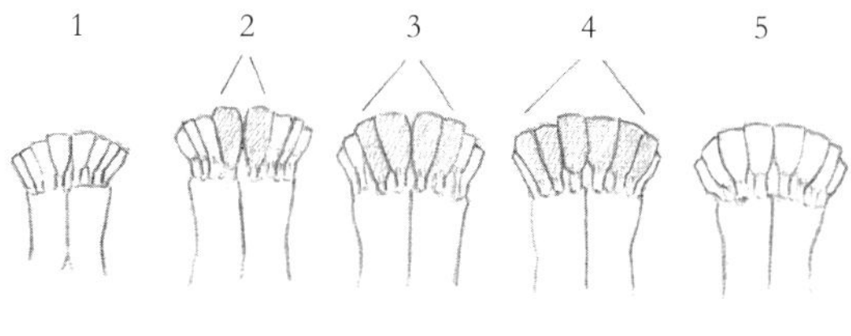

1 Schneidezähne im Milchgebiss.

2 Im Sommer des 2. Lebensjahres werden die mittleren Schneidezähne gewechselt.

3 Im Juni/Juli des 3. Lebensjahres werden die nächsten zwei Schneidezähne gewechselt.

4 Vom 3. auf das 4. Jahr werden die nächsten zwei Schneidezähne gewechselt.

5 Ein 4jähriger Gams hat in jedem Fall alle Schaufeln gewechselt (auch die Eckzähne).

Abnutzung

Schneidezähne nutzen sich nur langsam ab. Eine richtige Abnutzung kann daher erst bei wirklich alten Stücken ab 12 Jahren oder noch älter festgestellt werden.

Die Backenzähne des Gamswildes sind meist noch dauerhafter als die Schneidezähne und dazu hochkronig. Deshalb nutzen sie sich über die Jahre nur wenig ab. Eine Altersbestimmung anhand der Zähne ist also nur schwer möglich.

Ablagerungen

Bei einem alten Gams kann es vorkommen, dass die Zähne dicke, wulstige Ablagerungen aufweisen, besonders wenn im Winter viel harzreiche Äsung aufgenommen wird, wie etwa Latschen. In sehr seltenen Fällen sind die Zähne von Gamswild auch mit einem goldglänzenden Belag bedeckt. Über den Speichel werden dabei Spuren von Mineralien an den Zähnen abgelagert. Auf diese Art kann entweder ein silbrig-perlmuttartiger oder ein goldbrauner Glanz entstehen.

Vor dem erlegten Wildtier

Liegt der Gams gestreckt vor einem, kann man in Ruhe all das nachstudieren, was einem bereits im Fernglas das Alter verraten hat: von der Stärke des Wildkörpers bis hin zur Färbung der Decke oder der Zügel. Der erfahrene Gamsjäger wird dem erlegten Stück an die Krucken fassen, um nach den Jahresringen zu sehen. Man zählt diese auf der hinteren Seite der Schläuche. Sind die Schläuche nicht zu stark verpecht, sucht man nach dem Wachstumsschub im 4. Lebensjahr, dem meist gut erkennbaren „Zentimeterring“ – der mitunter auch 1,5 Zentimeter breit sein kann. Von dort weg gibt es nur noch Millimeterringe, wobei der Millimeterring im 5. Jahr durchaus noch 5 Millimeter betragen kann. Das spannende Zählen kann beginnen …

Ist das Haupt bereits gekappt und geht es ans Auskochen, gibt ein letzter „Dreh“ noch Bestätigung über das Alter: Um den Knochen samt Stirnzapfen gründlich reinigen und bleichen zu können, drehen erfahrene Gamsjäger beim Aufkochen des Wassers beide Schläuche mit einer kräftigen Drehung von den Stirnzapfen. Sitzen die Krucken dabei bombenfest und ist ein erheblicher Kraftaufwand nötig, ist dies ein zusätzlicher Hinweis: Der Gams war alt.

3. Bildteil

Gamsfährte im Sommer.

Gamsfährte im Winter.

Auf ins Gamsrevier! – Der nun folgende Fototeil zeigt Gams aller Altersklassen in ihrem natürlichen Lebensraum und quer durchs ganze Jahr.

Zwei Geschwister …

Zur Setzzeit hat der Jährlingsbock den Rudelverband verlassen müssen. Jetzt beäugt er interessiert sein neues Geschwister.

… und Mutter und Sohn.

Die Mutter duldet ihren einjährigen Sohn nun auch wieder in ihrer unmittelbaren Nähe.

Dunkler Nachzügler.

Bei der rechten Gais stehen zwei Kitze; das linke in der hellen Sommerdecke ist gut entwickelt, das rechte ist klein – es wurde spät gesetzt.

Kitze auf Tuchfühlung.

Während die beiden Kitze noch die unmittelbare Nähe ihrer Mutter suchen, ist der Jährling oberhalb schon etwas abseits niedergetan.

Gaisrudel auf Schnee.

Ganz links ein Jährling, rechts außen zwei Kitze. Der Rest des Rudels sind Gaisen, eine Altgais mit leichtem Hängebauch steht genau in der Mitte.

Ein Jahr Unterschied.

Die unten stehende Jährlingsgais ist noch wenig weit entwickelt und im Vergleich zur oberen 2jährigen Gais auch noch deutlich kleiner.

Ältere und junge Gais.

Da genügt allein das Haupt: niedergetan eine ältere Gais, daneben mit noch kindlichem dreieckigen Haupt eine 2 bis 3 Jahre alte, sehr lichte Gais.

Drei Gaisen und ein Kitz.

Das Kitz rechts ist leicht anzusprechen. Oben und unten eindeutig ältere Damen, die lichte Gais in der Mitte ist etwa 3 Jahre alt.

Schwacher Jährling.

Erst Anfang Juli im Haarwechsel: Wahrscheinlich hat dieses Stück den Winter nur knapp überstanden.

Zwei Kinder.

Links das Kitz, rechts der Jährling – im direkten Vergleich sind neben den Krucken auch die körperlichen Unterschiede gut zu sehen.

Weiblicher Sitzpinkler.

Weibliche Stücke – wie dieses Gaiskitz – gehen beim Nässen deutlich sichtbar in die Hocke, während Böcke stehen bleiben.

Jährlingsgais im Winterhaar.

Diese Jährlingsgais hat zwar etwas stärkere Schläuche, trotzdem ist sie hier mit ziemlicher Sicherheit als weibliches Stück anzusprechen.

Kruckenstärke.

Der 2jährige Bock vorn hat zwar die für Böcke typischen stärkeren Krucken als die 3- bis 4jährige Gais, ist aber vom Eindruck her noch viel mehr Kind.

Junge Herbstgais.

Schlank, hochläufig und eindeutig kein Pinsel – hier verhofft eine 3- bis 4jährige Gais.

Hochläufige Jugend.

Hier sticht vor allem der schlanke, jugendliche Wildkörper ins Auge: eine etwa 4jährige Gais mit recht starken Krucken.

Keulenfleck.

Junge und mittelalte Gaisen wie diese haben oft einen deutlichen Keulenfleck. Mit dem Alter kann dieser verschwinden.

Eindeutig Gais.

Kein Pinsel und selbst auf die weite Entfernung und ohne auf die Krucken zu schielen, ist klar: Hier steht eine ältere Gais.

Starker Brustkern.

Das hervorstehende Brustbein zeigt, dass es sich bereits um eine ältere, etwa 10jährige Gais handelt.

Alte Gais.

Verwaschene Zügel, tiefer Träger, vorstehende Lichter, dazu noch ein starker Brustkern und eine stumpfe Decke – kein Zweifel: eine alte Gais.

Mit Hängebauch.

Brustkern und Hängebauch sprechen eine deutliche Sprache: eine alte Gais vom lichten Schlag mit gut entwickeltem Kitz.

Später Haarwechsel.

Im hohen Alter kann der Wechsel ins Sommerhaar oft erst spät erfolgen: Diese Gais ist 17 Jahre alt.

Hochkruckige alte Dame.

Ein typisches Bild für eine wirklich alte Dame: Sie liegt abseits des Rudels und sucht Kühlung auf einem der letzten Schneefelder.

Verwaschenes Gesicht, unzählige Jahresringe.

Neben 17 Jahresringen sind es die verwaschenen Zügel und die knochigen Augenbögen, die das hohe Alter dieser Gais verraten.

Jährlingsbock.

Die Stärke der Krucken und die angedeutete Hakelung sind deutliche Hinweise, dass es sich hier um ein männliches Stück handelt.

Brunftzuschauer.

Der junge Bock rechts hat in der Brunft noch nichts zu melden. Die zwei Kitze streunen ohne Mutter umher und haben sich ihm angeschlossen.

Noch ein Kind.

Trotz starkem Gesamteindruck blickt diesem 2jährigen Bock noch deutlich das Kind aus Lichtern und Wildkörper.

3jähriger Bock im Sommerhaar.

Kurz nach dem Verfärben im Frühsommer präsentiert sich dieser halbstarke Bock in jugendlicher Frische. Er ist in guter körperlicher Verfassung.

3jähriger Bock im Winterhaar.

Bei diesem Bock ist das dreieckige kindliche Haupt gut zu erkennen und der erst zarte Ansatz von einem Pinsel. Auch der Keulenfleck passt dazu.

Gamsbartjüngling.

Trotz Imponiergehabe mit aufgestelltem Gamsbart ist dieser Bock nur 3 bis 4 Jahre alt. Sein Pinsel ist noch kaum zu sehen.

Halbstarker.

Lichter Keulenfleck und der Pinsel nur ein dünner Faden: Dieser Bock ist erst 4 Jahre alt.

Zwei Junggesellen im Sommerhaar.

Mit 4 bis 5 Jahren sondern sich Böcke gern von den Halbstarken-Trupps ab und ziehen nur mehr zu zweit durch die Gegend.

Jung und Alt.

Links ein 4jähriger, noch kleinrahmiger Bock mit kindlichem Haupt. Rechts ein massiver Bock, der über den Zenit hinaus ist. Beide sind schwach gehakelt.

Platzbock mit jungem Nebenbuhler.

Oben zieht mit deutlich sichtbarem Pinsel und dunkler Decke der etwa 8jährige Platzbock. Darunter ein 3- bis 4jähriger Bock mit Keulenfleck.

Brunftkästen.

Zwei reife Böcke, wobei der untere etwas älter sein dürfte und der obere ein richtiger Kasten ist: deutlicher Brustkern und stark im Wildbret.

Wiedererkennung am Lauscher.

Dieser Bock steht mit etwa 7 Jahren an der Kante zur Reife. Gut fürs Wiedererkennen: der Riss im Lauscher und die punktförmige Verletzung am Äser.

Auf dem Weg zur Reife.

Derselbe Bock von der Seite. Pinsel und Brustkern sind schon recht gut zu erkennen. Die Brunftfeigen sind jetzt, Ende Oktober, angeschwollen.

7- bis 8jähriger Brunftbock.

Hier geben der Gesamteindruck, das selbstbewusste Auftreten und ein wenig auch die Hakelung Sicherheit: ein ausgewachsener Brunftbock.

Männliche Statur.

Aufgrund von Statur und Pinsel selbst von der anderen Talseite aus gut anzusprechen: ein selbstbewusster Bock.

Zwei Brunftböcke.

Auch hier weit weg und trotzdem sonnenklar: Der obere Bock markiert, und beide stellen die Haare – Böcke in der Brunft!

Starke Schläuche.

Obwohl die Krucken nur recht schwach gehakelt sind, erkennt man sofort an deren Stärke, dass man es mit einem Bock zu tun hat.

Sichtbare Brunftkugeln.

Haupt und Körper sind zwar verdeckt, dennoch steht hier eindeutig ein Bock: Die Brunftkugeln leuchten nur so heraus.

Gamsbrunft!

Auch ohne Fernglas weiß man sofort: Links oben steht der Bock und bewacht seine Gaisen.

Typisch Bock.

Im Zuge der Brunft stehen Böcke gern auf Aussichtswarten, um sich zu zeigen und nach Rivalen Ausschau zu halten.

Bock mit Harem.

Oben rechts steht der Brunftbock, unterhalb die holde Weiblichkeit. Links eine ältere Dame, in der Mitte und rechts zwei 2- bis 3jährige Gaisen.

Brunftschütteln.

Weithin sichtbar: Mit leicht geknickten Vorderläufen schüttelt sich der Brunftbock Harn auf die Flanken. Gaisen tun dies nie.

Deckenfärbung 1.

Die Decke dieses etwa 11jährigen Gamsbockes wirkt in der Sonne und mit Felsen als Hintergrund licht, die Zügel sind schon ein wenig verwaschen.

Deckenfärbung 2.

Derselbe Bock frei gegen den Himmel: Die Decke erscheint nun fast schwarz, die Zügel dunkler, und der ganze Bock wirkt jünger.

Nasse Flanken.

Vom Brunftschütteln glänzen Böcke oft an den Flanken. Dieser alte Bock hat außerdem einen guten Bart mit deutlich sichtbarem Reif.

Ein Senior.

Dichter Pinsel wie ein Zwergenbart, die Winterdecke bereits licht und eher bräunlich, und der Keulenfleck kommt wieder: Dieser Bock ist 13 Jahre alt.

Frühling.

Etwa 11jähriger Bock, hier beim Verfärben im Mai und …

Sommer.

… ein paar Monate später, im August, im kurzen lichten Sommerhaar und …

Herbst.

… mit bereits durchschimmernder Winterdecke und ordentlich Feist und …

Winter.

… schließlich fast durchgefärbt mit Jahreshöchstgewicht kurz vor der Brunft.

Schwach gehakelt.

Ein reifer, etwa 11jähriger Gamsbock in der Sommerdecke beim Äsen. Auffallend: die weitgestellten, aber schlecht gehakelten Schläuche.

Starker Pinsel.

Ebenfalls eher schwach gehakelt und gerade beim Verfärben: ein 11jähriger Bock mit deutlich sichtbarem, breitem Pinsel im Oktober.

Blind und dachsfarben.

Diesem 13jährigen Bock sieht man das Alter sofort an: starker Brustkern, pechige Krucken, dachsfarbene Winterdecke und ein ausgehakeltes Licht.

Über den Zenit hinaus.

Allein die stark verwaschenen Zügel sagen hier alles: Dieser Bock hat seine besten Jahre längst hinter sich gehabt.

Volle Kraft voraus.

Solche wilden Hetzjagden liefern sich nur Böcke. Das Treiben der Gais in der Brunft sieht anders aus. – Ein Sinnbild für das beeindruckende Gamswild, das uns Jäger seit jeher fasziniert und fordert. Und uns immer wieder in die Berge zieht…